Bibliografische Information der Deutschen Nationalbibliothek:

Die Deutsche Bibliothek verzeichnet diese Publikation in der Deutschen National-
bibliografie; detaillierte bibliografische Daten sind im Internet über http://dnb.d-
nb.de/ abrufbar.

Impressum:

Copyright © 2013 GRIN Verlag, Open Publishing GmbH
Druck und Bindung: Books on Demand GmbH, Norderstedt Germany
ISBN: 9783668286191

Dieses Buch bei GRIN:

http://www.grin.com/de/e-book/338835/die-energiewende-eine-wirkliche-hilfe-
oder-nur-leere-versprechungen

Daniela Scharf

Die Energiewende. Eine wirkliche Hilfe oder nur leere Versprechungen?

GRIN Verlag

Gesamtschule Gießen-Ost

Jahrgangsstufe 11   Schuljahr 2012/13

Facharbeit im Kurs Deutsch

Thema: Die Energiewende – eine wirkliche Hilfe oder leere Versprechungen?

Vorgelegt von: Daniela Scharf

Inhaltsverzeichnis

Einleitung

Haben wir bald keinen Strom mehr? Müssen wir in absehbarer Zeit wieder so leben wie vor etwa 500 Jahren? Viele Menschen und so auch ich möchten, dass unsere Kinder einmal genauso gut oder besser leben können wie wir heute. Aber ist das überhaupt möglich? Es steht fest, dass fossile Brennstoffe irgendwann aufgebraucht sein werden. Können wir aktuell etwas dagegen tun? Schon seit 1980 ist der Begriff *Energiewende* bekannt. Zu dieser Zeit wurde eine erste Studie zur Energiewende veröffentlicht. In den darauf folgenden Jahren sind immer wieder neue Studien veröffentlicht worden, die der Gesellschaft zeigten, dass dieses Thema ernst zu nehmen ist. Doch was bedeutet Energiewende? Ich denke fast jedem ist dieser Begriff bekannt, doch nicht jeder kann sich darunter etwas vorstellen. Die Energiewende ist in zwei Bereiche unterteilt: Zum einen bedeutet Energiewende der Wechsel von fossilen Energien zu erneuerbaren Energien wie z.B. Energie aus Wasserkraft. Andererseits versteht man darunter die Minderung von Energie. Dieses Ziel soll durch Energieeffizienz und Energieeinsparung erreicht werden. Ich bringe dieses Thema mit der großen Präsenz in der Öffentlichkeit in Zusammenhang. Meiner Meinung nach wird zu viel über eventuelle Vorteile gesprochen, mögliche Nachteile werden so gut wie nicht erwähnt. Diese Tatsache hat mich nachdenklich gemacht und mich dazu bewegt dieses Thema auszuwählen. Warum ist dieses Thema gerade jetzt in der Politik in der großen Diskussion? Hat die Energiewende eine Chance? Wenn ja, auf welche Probleme und Hindernisse kann sie stoßen? Diesen Fragen werde ich mich widmen um dann zu einem Schluss zu kommen: Hat die Energiewende eine wirkliche Chance oder sind alles nur leere Versprechungen?

1 Chancen der Energiewende

Die Energiewende hat bereits begonnen, es wurde schon viel dazu gesagt, diskutiert und geregelt. Welche Chancen aber kann die Energiewende erlangen und wie sind diese Chancen zu nutzen?

---

[1] http://www.energiewende.de/index.php?id=14

1.1 Welche Möglichkeiten gibt es?

Im März 2011 wurde ein drei-monatiges Atom-Moratorium verhängt (Moratorium = zeitlich begrenzte Entscheidung). Das bedeutet, sieben Atomkraftwerke in Deutschland wurden für drei Monate abgeschaltet. In dieser Zeitspanne wurde gezeigt, dass es möglich ist ohne Atomkraftwerke auszukommen. Einige würden dies mit dem Argument widerlegen wollen, dass nicht alle Atomkraftwerke abgeschaltet worden seien und dass ein solches „Experiment" nichts beweisen könne. Doch. Denn man muss beachten, dass zu dieser Zeit noch nicht alle Möglichkeiten, erneuerbare Energien in Deutschland zu nutzen, gefördert und verwendet worden sind. Ist dies gewährleistet, das soll in den nächsten Jahren der Fall sein, ist unsere Stromversorgung sicher. [2]

Ein weiterer wichtiger Punkt ist: Die Energiewende bringt Arbeitsplätze! Aktuell beträgt die Quote in Deutschland 7,3 %. Im Jahr 2010 gibt es im Bereich der erneuerbaren Energien schon 376400 Arbeitsplätze. Auf der Grafik kann man gut erkennen auf welche Bereiche sich diese Arbeitsplätze momentan verteilen.

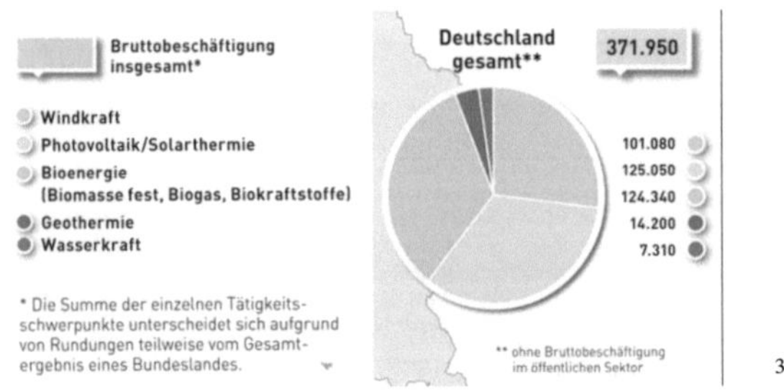

---

[2] vgl. http://www.diw.de/documents/publikationen/73/diw_01.c.372712.de/11-20-1.pdf

[3] http://www.biomasse-nutzung.de/wp-content/bilder/Arbeitspl%C3%A4tze-erneuerbare-Energien-Deutschland.jpg

Im Jahr 2020, wenn die Wende abgeschlossen sein soll und alle Atomkraftwerke abgeschaltet sein sollen, wird es 500000 Arbeitsplätze geben.[3,4,5]

„Nach der Studie verteilten sich im vergangenem Jahr die Arbeitsplätze im Bereich erneuerbarer Energien zu je einem Drittel beziehungsweise je rund 124.500 Stellen auf die Solar- und die Bioenergie. In der Nutzung der Windenergie, die eine zentrale Rolle bei der Energiewende weg von der Atomkraft spielt, arbeiteten 101.100 Menschen, was einem Anteil von 26 Prozent entsprach.“ [6] 500000 Arbeitsplätze klingt im Vergleich zu der Arbeitslosenquote sehr wenig, dennoch bringt die Energiewende Arbeitsplätze und nach dem Jahr 2020, wenn der Energiemarkt immer größer werden wird, steigen somit auch wieder die Anzahl der Arbeitsplätze an.

Alle Chancen sind nur gering bedeutsam, wenn es kein Gesetz gibt, welches Härtefälle regelt, Bestimmungen trifft oder Regeln aufstellt. Das Erneuerbare-Energien-Gesetz, kurz EEG, besteht schon seit dem Jahr 2000 und wurde seit dem immer wieder geändert. Um die Energiewende zu beschleunigen, wurde das EEG beschlossen. In diesem Gesetz ist festgehalten, dass die Erzeugung von Strom aus erneuerbaren Energien gefördert werden muss. Außerdem soll das Gesetz durchsetzen, dass sich der Anteil von erneuerbaren Energien bis zum Jahr 2020 von 17% auf 35% vervielfältigen soll.[7]

Ich zitiere: *„Für das Erreichen dieser ehrgeizigen Ziele wurden Regelungen getroffen, nach denen die Netzbetreiber eine Anschlussverpflichtung für Strom aus erneuerbaren Quellen eingehen [...].Um einen wirtschaftlichen Betrieb der Anlagen zu gewährleisten, wurde die Entwicklung der Vergütungssätze nach Laufzeiten von zwanzig Jahren nach Technologien und Standorten unterschieden.*

---

[3]   vgl.   http://de.statista.com/statistik/daten/studie/1239/umfrage/aktuelle-arbeitslosenquote-in-deutschland-monatsdurchschnittswerte/

[4] vgl. http://www.diw.de/documents/publikationen/73/diw_01.c.372709.de/11-20.pdf

[5] vgl. http://www.n24.de/news/newsitem_7979405.html

[6] http://www.diw.de/documents/publikationen/73/diw_01.c.372709.de/11-20.pdf

[7] vgl. http://www.der-politiker.de/2013/01/das-erneuerbare-energien-gesetz-kurz-erklart/

Nach dem EEG wird Stromgewinnung aus Wasserkraft, Windenergie, Solarenergie, Geothermie und Biomasse gefördert."[8] Dieses Gesetz bringt Ordnung in das Chaos der Energiewende, man weiß welche Ziele angestrebt werden und man weiß was getan wird oder getan werden muss damit diese Ziele erreicht werden können.

„Die Energiewende ist doch viel zu teuer!", „Die Strompreise sind doch bald unbezahlbar!". Spricht man das Thema Energiewende an, kommt man früher oder später auf den Punkt „Kosten". Die Energiewende ist teuer und wird noch teurer werden, das steht fest. Es wäre falsch zu behaupten, dass dieser Aspekt nicht wichtig sei, dennoch darf man nicht außer Acht lassen, dass sich fast alle Kosten auf den Anfang, die Anfangszeit verteilen. Es muss erst investiert werden, damit Energie gewonnen werden kann und somit auch Geld verdient werden kann. Nehmen wir zum Beispiel den Fall einer Solaranlage: Es muss ein Platz oder ein Grundstück gekauft werden, die Solaranlage muss gekauft werden, schließlich muss die Anlage gebaut werden. Vorerst sind alle Kosten gedeckt und die Erzeugung von Energie kann beginnen (Renovierungskosten etc. ausgeschlossen). Ein weiterer Vorteil von diesem Aspekt ist, dass mehr Strom produziert werden wird als wir in Deutschland benötigen werden, wie das Statistische Bundesamt in Wiesbaden herausfand. Das bedeutet es kann Strom exportiert werden und das bringt Deutschland mehr Geld. [9]

1.2 Welches Durchsetzungsvermögen können diese Chancen erreichen?

Genau voraussehen kann man nicht, wie erfolgreich sich diese Chancen durchsetzten werden. Man kann allerdings bewerten, wie stark sie sich durchsetzen könnten. Alle aufgeführten Chancen sind Fakten die bewiesen, belegt und begründet worden sind.

---

[8] http://www.der-politiker.de/2013/01/das-erneuerbare-energien-gesetz-kurz-erklart/

[9] vgl. http://www.faz.net/aktuell/wirtschaft/wirtschaftspolitik/energiepolitik/trotz-energiewende-deutschland-steigert-stromexporte-massiv-12134663.html

Das heißt, diese Informationen können die Bürger nur in ihren Entscheidungen beeinflussen und sie können sich durch solche eine eigene Meinung bilden. Sollte das der Fall sein, wird es mehr Befürworter der Energiewende geben. Ebenso weiß die Politik durch das Erneuerbare-Energien-Gesetz, was getan werden muss. Somit wird die Energiewende in großen Schritten vorangetrieben. Es gibt schon erste Ergebnisse: Eine lokale Umfrage aus dem Gießener Anzeiger beweist, Windräder Solarzellen, etc. werden immer mehr akzeptiert und angenommen. Im Vergleich zu dieser Umfrage stehen Ergebnisse aus dem Jahr 2011, die zeigten, dass damals zum Beispiel nur 16 % Windräder akzeptierten. Heute ist diese Zahl auf 30,5 % angestiegen.

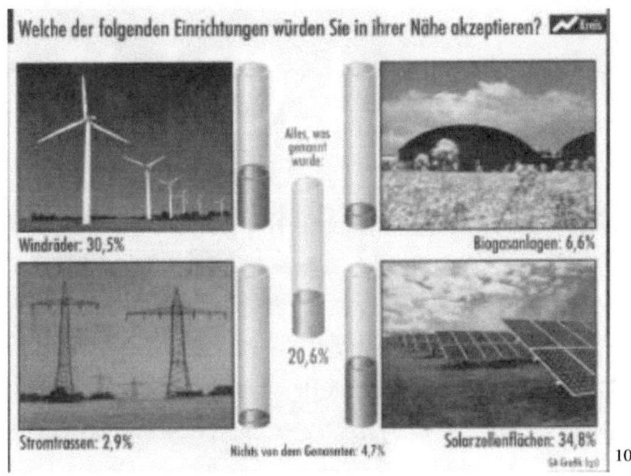

[10]

2 Probleme und Hindernisse der Energiewende

Nicht nur Chancen für die Energiewende bestehen, natürlich kann es auch zu Problemen und (nicht) vorhersehbaren Hindernissen kommen.

Wie und welche Probleme können entstehen? Wie lassen sich solche Probleme bewältigen? Können diese überhaupt bewältigt werden?

---

[10] Gießener Anzeiger, 06.03.2013, Seite 10

2.1 Zu welchen Problemen kann es kommen?

Die Bürger müssen drauf zahlen. Eine lokale Umfrage aus dem Gießener Anzeiger zeigt, dass 45,7% höchstens den aktuellen Preis bezahlen wollen, d.h. sie wollen nicht mehr bezahlen und das ist ein Problem, denn die Bürger sind die Kunden der Stromanbieter und müssen deren Preise bezahlen und akzeptieren.

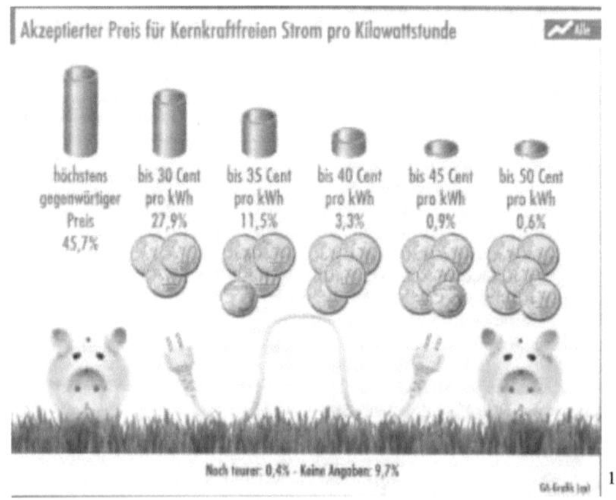

[11]

Der Strompreis eines Durchschnittshaushaltes (Jahresverbrauch: 3500 kWh/Jahr) lag im Jahr 2012 bei 25,75 Cent/kWh. Prognosen für die nächsten Jahre zeigen, dass der Strompreis um bis zu 5ct/kWh steigen könnte. Im Vergleich dazu zeigt die Umfrage, dass diesen möglichen Preis nur 11,5% im Landkreis Gießen bezahlen wollen. [12]

Es halten sich in der Gesellschaft um dieses Thema leider immer noch hartnäckige Gerüchte und unbestätigte Tatsachen. Um einmal drei Beispiele zu nennen:

- „Das nutzbare Potenzial erneuerbarer Energien reiche nicht aus, um auf atomare und/oder fossile Energien verzichten zu können."[13]

[11, 12] vgl. Gießener Anzeiger, 16.3.2013, Seite 10

[13] Scheer, Hermann „Energieautonomie", Seite 24-28

- „Die Aktivierung erneuerbarer Energien sei nur langfristig in großem Ausmaß möglich. Auch auf längere Sicht seien deshalb Investitionen für die konventionellen Energien in erheblicher Größenordnung unverzichtbar[…]. Diese unter dem Deckmantel der Befürwortung erneuerbarer Energien geäußerte Prämisse soll vermitteln, dass man sich mit der Einführung erneuerbarer Energien Zeit lassen und so lange die Weiterführung der überkommenen Energieversorgung tolerieren müsse."[14]

- „Da auch die Nutzung erneuerbarer Energien zu Umweltbelastungen führe, müsse deren Einführung genauso auf ihre Umweltverträglichkeit geprüft werden wie atomare und fossile Energien. […]"[15]

Diese Gerüchte bilden „mentale Hürden"[16] in den Köpfen der Menschen. Diese Hürden stehen der Erkennung des Problems und dessen Lösung im Weg. Wenn man diesen unbestätigten Tatsachen glaubt, kann man nicht uneingeschränkt Tatsachen zu Kenntnis nehmen und nicht uneingeschränkt über diese Tatsachen urteilen. So wird die Angst falsch zu handeln größer.

Ein weiterer Punkt, der allerdings nicht so gravierend ist wie andere Aspekte, ist die Natur. Die Natur lässt sich nicht berechnen oder beeinflussen, das steht fest. Also stellt sich die Frage, was ist wenn mal längere Zeit die Sonne nicht scheint, oder längere Zeit der Wind nicht stark genug weht? Es steht zwar fest, dass es genug Energie gibt. Dennoch wissen wir nicht, ob wir diese Energie so nutzten können, dass sie ausreicht.

Ob durch erneuerbare Energien gewährleistet ist, dass es zu keinen oder nur seltenen Stromausfällen kommt, muss erst untersucht werden.[17]

[15, 16] Scheer, Hermann „Energieautonomie", Seite 24-28

[17] Scheer, Hermann „Energieautonomie", Seite 23

[18] vgl. http://germanwatch.org/de/5465

Einer der Knackpunkte für das Gelingen des Wechsels, ist der Ausbau der Stromnetze. Damit z.B. Strom, der von Windrädern an der Nordsee produziert wurde, hier nach Hessen gelingen kann, müssen die Netze gut übereinstimmen, funktionieren und gut ausgebaut sein. Circa 4500km Übertragungsnetze müssen in den kommenden Jahren gebaut werden um die Stromzufuhr zu gewährleisten. Dieser Ausbau kann 32 Milliarden Euro kosten! Wichtig sind vor allem Leitungen von Norden in den Süden und Westen, denn dort wird im Vergleich zu dem benötigten Strom zu wenig Strom produziert. [19]

Natürlich ist es wichtig, dass die Netze ausgebaut werden und erneuerbare Energien gefördert werden. Mindestens genauso wichtig ist es aber, dass Speicher hergestellt werden. Wenn immer mehr zum Beispiel Wind- und Wasserkraftwerke gebaut werden, wird mehr Strom hergestellt. So kann es dazu kommen, dass zu viel Strom hergestellt wird, also wir derzeit nicht mehr Energie benötigen. Was aber mit dem Strom der trotzdem weiterhin produziert wird? Einfach „wegwerfen"? Nein, das wäre bedauerlich. Es müssen Speicher gebaut werden, die den überflüssigen Strom speichern und in „Stromnotzeiten" zur Verfügung stellen. Solche Speicher zu bauen ist momentan noch sehr teuer und es ist nicht genau klar, wie man diese Speicher verbessern kann. [20]

2.2 Wie können diese Probleme gelöst werden?

Die vielen Vorurteile über die Energiewende, die im Umlauf sind, müssen widerlegt werden, um die Menschen für dieses Thema wertfrei zu öffnen. Zum Beispiel mit der folgenden Grafik kann so etwas gelingen.

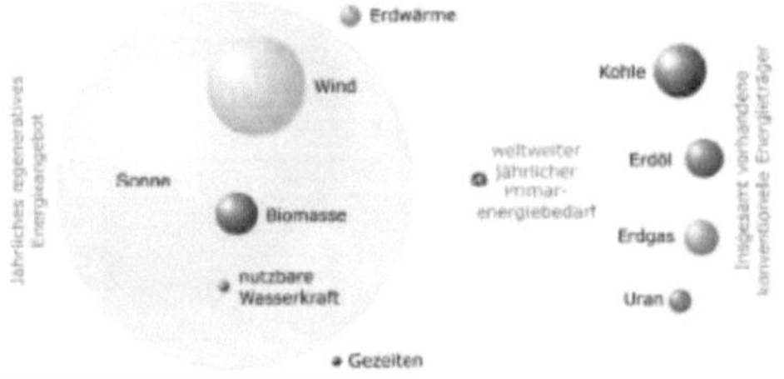

[21]

---

[19] vgl. http://www.zeit.de/wirtschaft/2012-05/energiewende-netzausbau

[20] vgl. http://www.kinder-nachrichten.de/kina/page/detail.php/3061415

[21] Quaschning, Volker „Erneuerbare Energien und Klimaschutz", Seite 93

Sie zeigt, es gibt genügend Energie. Sogar so viel Energie wie wir jährlich nicht brauchen. Zwar können wir aktuell nicht all die vorhandene Energie nutzen, dennoch genügt sie um die Erde mit Energie zu versorgen.

3 Wer steckt hinter den großen Konzernen?

„Ab 2020 oder 2025 werden wir preiswerte Energie zur Verfügung haben.". Das antwortete Bundesumweltminister Peter Altmaier auf die Frage was er zum Anstieg der Strompreise zu sagen habe.[22] Die Strompreise steigen ständig. Das merken viele Bürger zurzeit in Deutschland. Ende letzten Jahres stiegen die Preise um zehn bis teilweise 20 Prozent an. Das ist viel, aber die Preise könnten in den nächsten Jahren noch steiler ansteigen. *„,Ich wäre froh, wenn die Stromkosten in den nächsten zehn Jahren nur um 30 Prozent steigen würden', sagt Andree Böhling, Energieexperte der Umweltschutzorganisation Greenpeace, Handelsblatt Online. In den vergangenen zehn Jahren sind die Strompreise für Haushalte nämlich sogar um satte 60 Prozent gestiegen, wie eine Statistik des Bundesverbands der Energie- und Wasserwirtschaft zeigt."*[23] Großkonzerne, wie RWE und E.on, verkaufen ihren Strom immer teurer und auch kleine Unternehmen ziehen mit. Als Grund für die Erhöhungen werden die Energiewende und das EEG genannt. Ob das richtig ist kann zurzeit niemand so genau beweisen.

Vielmehr sind die vier größten Stromkonzerne Deutschlands, RWE, E.on, Vattenfall und EnBW, durch negative Schlagzeilen aufgefallen. Sie sollen bewusst *„Kraftwerkskapazitäten zurückgehalten haben, um den Strompreis zu manipulieren."* [24] Letzten Endes konnte den Konzernen nichts Genaues nachgewiesen werden und so wurde das Verfahren eingestellt. Auf Grund von solchen Vorfällen sollte man Großkonzerne immer kritisch betrachten und sich sorgfältig über seinen persönlichen Stromanbieter informieren.

[22, 23] http://www.handelsblatt.com/unternehmen/industrie/energiewende-unternehmen-schalten-das-licht-aus/7439188.html

[24]   http://www.spiegel.de/wirtschaft/service/gutachten-stromkonzerne-sollen-daten-manipuliert-haben-a-796148.html

4 Fazit

Abschließend ist festzuhalten, dass es starke Chancen mit Durchsetzungspotenzial so wie auch große Probleme und Hindernisse gibt und geben wird. Beispielsweise Studien, Grafiken und Untersuchungen bringen immer mehr Beweise dafür, dass die erneuerbaren Energien genügend Strom bieten und dass wir ohne Atomkraft auskommen können. Dennoch stehen diesen Chancen große technische Probleme im Weg, zum Beispiel die Speicher und der Netzausbau.

Nun lässt sich schlussfolgernd aus meiner Arbeit ein Fazit ziehen. Trotz der großen Hindernisse hat die Energiewende eine Chance! Die Technik wird sich in den nächsten Jahren weiterentwickeln, so weit, dass der Netzausbau und die Herstellung von großen Speichern kein Problem mehr sein wird. Soweit ich das beurteilen kann, ist die Energiewende keine leere Versprechung, die für die Gesellschaft nichts Gutes heißt. Die Politik entwirft Gesetze, sie fördert die erneuerbaren Energien und stellt sich den Problemen, die auf sie zukommt.

Um auf meine Frage aus der Einleitung zurück zukommen: Ich bin überzeugt, dass wir in der Zukunft so leben können wie heute. Wenn wir alles dafür tun und die Energiewende unterstützen ist dies möglich.

Um einen kleinen Ausblick in die Zukunft zu geben: Schon jetzt gibt es viele Projekte die viel Energie produzieren könnten. Auf der Internetseite http://www.wdr.de/wdrde_specials/energie_der_zukunft/ werden sehr viele gute Projekte vorgestellt, u.a. ein Aufwindkraftwerk in der Sahara, das Passivhaus, das sich selbst versorgt, und die sogenannten Cargo Caps. Viele Ideen, die uns in der Zukunft helfen werden, sind dort ausführlich beschrieben und erklärt.

5 Quellenverzeichnis

Literaturverzeichnis

Müller, Michael „Der Ausstieg ist möglich – Eine sichere Energieversorgung ohne Atomkraft", Dietz Verlag, 1999

Quaschning, Volker „Erneuerbare Energien und Klimaschutz", Hanser Verlag, 2008

Scheer, Hermann „Energieautonomie – Eine neue Politik für erneuerbare Energien", Verlag Kunstmann, 2005

Internetquellen

http://www.energiewende.de/index.php?id=14

http://germanwatch.org/de/5465

http://www.der-politiker.de/2013/01/das-erneuerbare-energien-gesetz-kurz-erklart/

http://www.diw.de/documents/publikationen/73/diw_01.c.372709.de/11-20.pdf

http://web.de/magazine/finanzen/energie/17213514-energiewende-gruene-noergeln.html

http://www.welt.de/politik/deutschland/article114435428/Stromnetz-Ausbau-soll-beschleunigt-werden.html

http://www.kinder-nachrichten.de/kina/page/detail.php/3061415

http://www.spiegel.de/wirtschaft/service/gutachten-stromkonzerne-sollen-daten-manipuliert-haben-a-796148.html

http://www.handelsblatt.com/unternehmen/industrie/energiewende-unternehmen-schalten-das-licht-aus/7439188.html

http://www.zeit.de/wirtschaft/2012-05/energiewende-netzausbau

http://www.faz.net/aktuell/wirtschaft/wirtschaftspolitik/energiepolitik/trotz-energiewende-deutschland-steigert-stromexporte-massiv-12134663.html

http://www.biomasse-nutzung.de/wp-content/bilder/Arbeitspl%C3%A4tze-erneuerbare-Energien-Deutschland.jpg

http://www.n24.de/news/newsitem_7979405.html

http://de.statista.com/statistik/daten/studie/1239/umfrage/aktuelle-arbeitslosenquote-in-deutschland-monatsdurchschnittswerte/

http://www.wdr.de/wdrde_specials/energie_der_zukunft/

Bildquellen

Gießener Anzeiger, 16.03.2012, Seite 10

http://www.biomasse-nutzung.de/wp-content/bilder/Arbeitspl%C3%A4tze-erneuerbare-Energien-Deutschland.jpg

Quaschning, Volker „Erneuerbare Energien und Klimaschutz", Seite 93